万物有道理

图解万物百科全书

[西班牙] SOL90公司 著　周玮琪 译

人类简史

北京理工大学出版社

目录

人类简史

农业的开端	3
文字的发明	5
巴比伦	7
汉谟拉比法典	9
古埃及	11
古印度文明	13
古代中国	15
阿兹特克人	17
波斯帝国	19
希腊城邦	21
亚历山大大帝	23

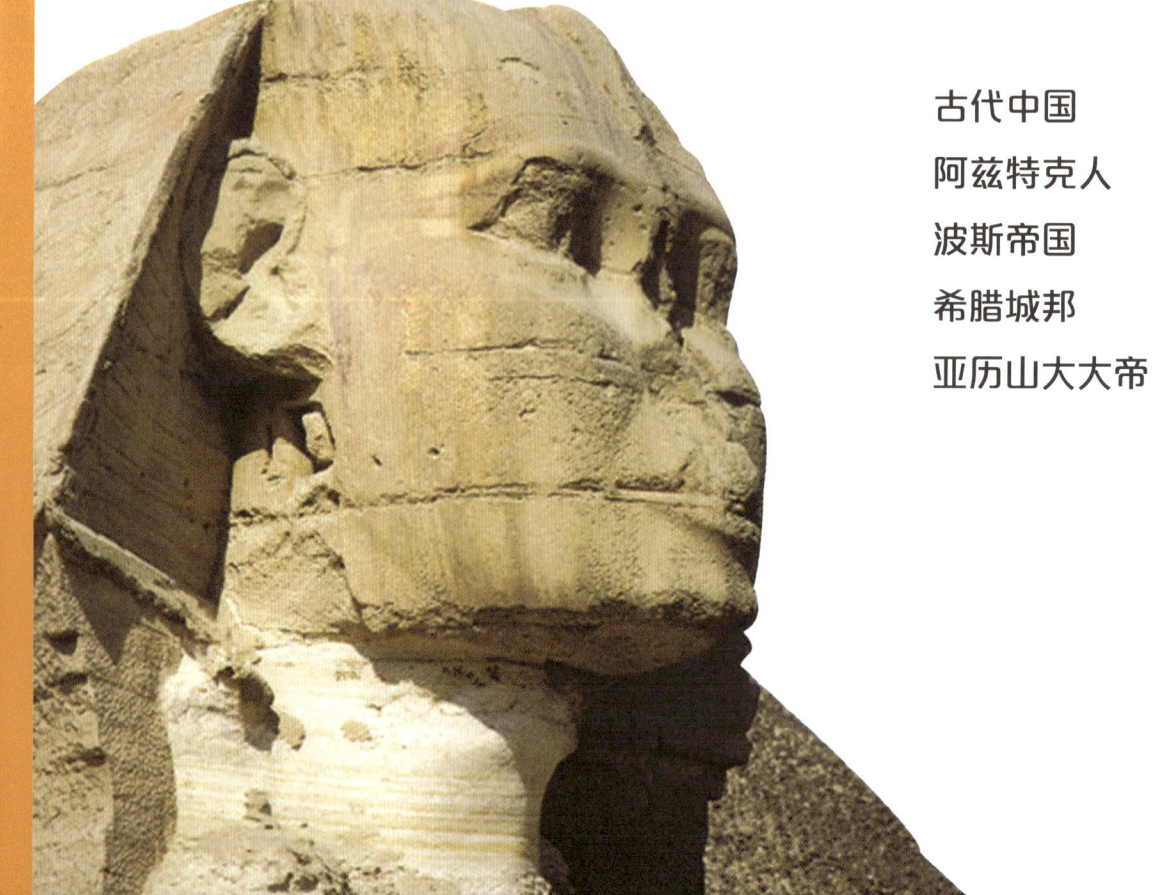

文艺复兴与人文主义	35
征服美洲	37
法国大革命	39
工业革命	41
美国独立战争	43
掠夺非洲	45

罗马帝国	25
罗马帝国的灭亡	27
维京人	29
科学与阿拉伯	31
成吉思汗与蒙古帝国	33

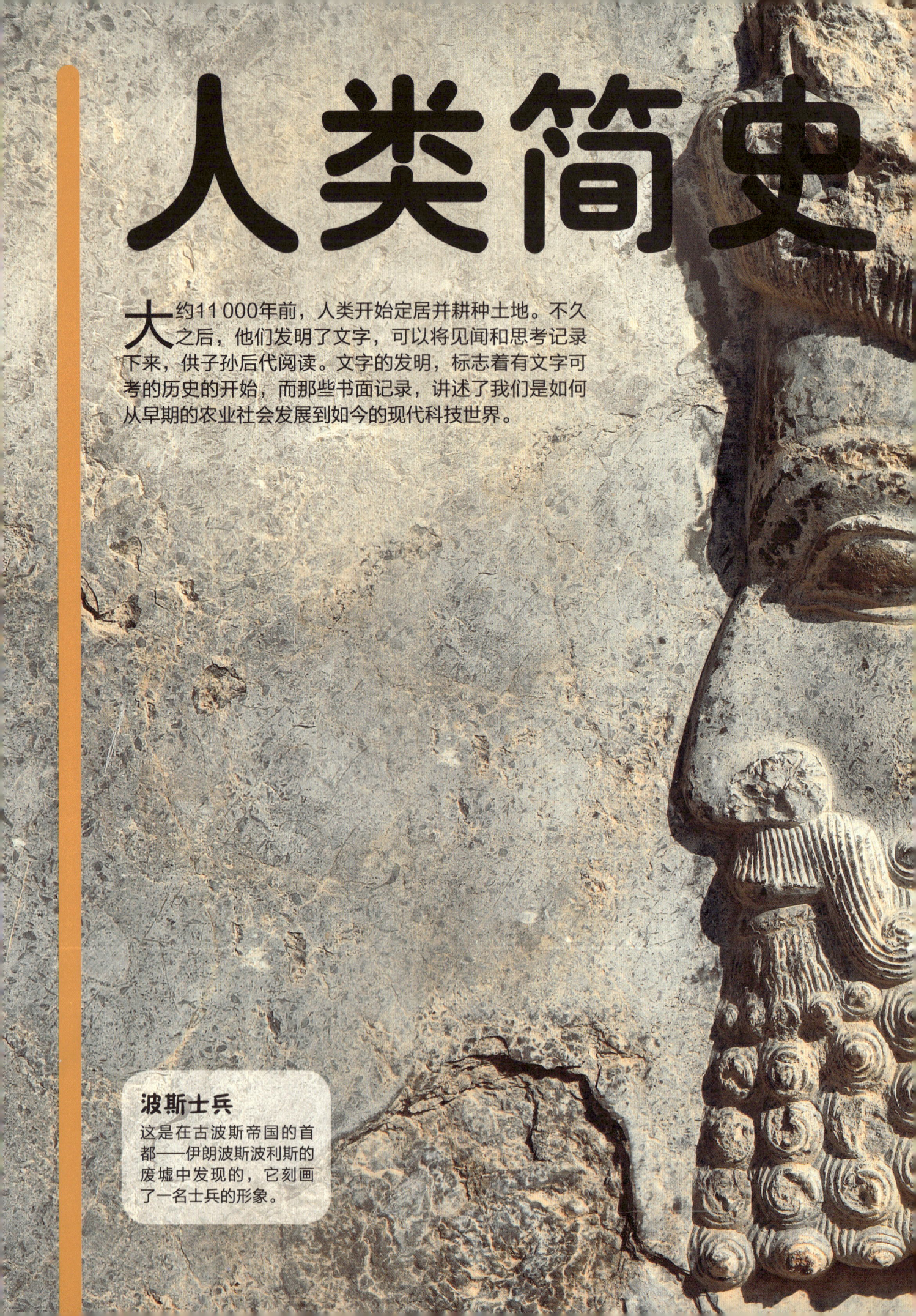

人类简史

大约11 000年前，人类开始定居并耕种土地。不久之后，他们发明了文字，可以将见闻和思考记录下来，供子孙后代阅读。文字的发明，标志着有文字可考的历史的开始，而那些书面记录，讲述了我们是如何从早期的农业社会发展到如今的现代科技世界。

波斯士兵
这是在古波斯帝国的首都——伊朗波斯波利斯的废墟中发现的，它刻画了一名士兵的形象。

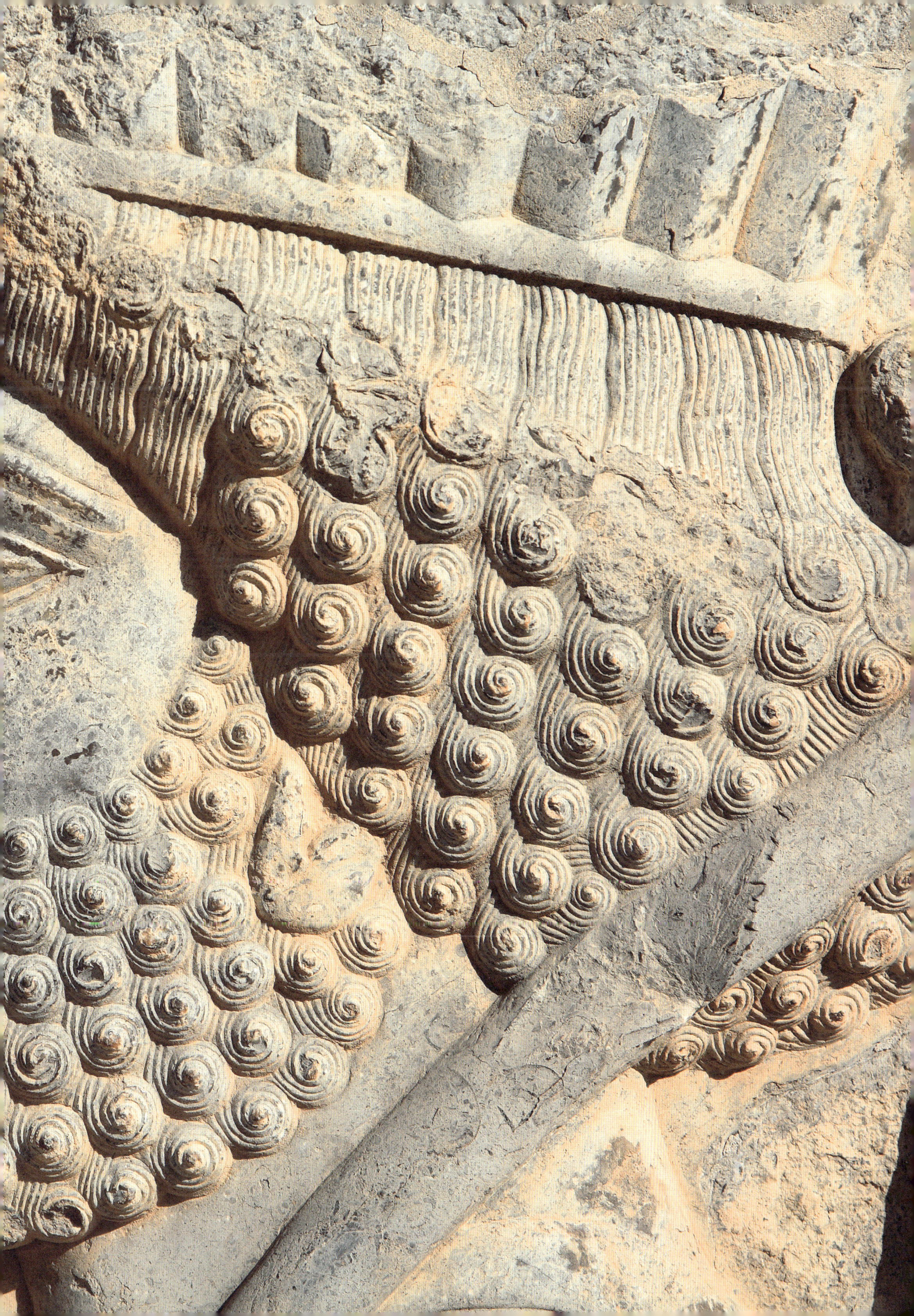

农业的开端

大约11 000年前，中东地区的人类开始务农，8 000年前，中国人也加入了耕种的队列。农民们不仅种庄稼，养牲畜，还开始制作用于烹饪和储存食物的陶罐。普遍认为，之所以有这些变化，是因为上一次冰河时代结束后，气候条件变好，更适宜进行这样的生产活动。

狗
狗是第一种被人类驯服的动物。

谷物
从事农耕后，人类的食物结构发生了改变，开始更多地以小麦、玉米和大麦等谷物为食。

动物饲养
人类开始饲养动物，因为动物不仅能帮助他们做农活，还是食物和衣物的主要来源。对人类而言，这是第一次不用狩猎就可以吃到肉。

山羊 — 第一只被人类畜养的动物是山羊。

绵羊 — 在驯化前，绵羊曾是生活在伊朗山区的野生动物。

奶牛 — 奶牛不仅可以犁地，还给农民带来了肉、奶和皮革。

马 — 马是经哈萨克斯坦北部的野生动物驯化而来的。

渔猎活动
新石器时代，狩猎和捕鱼进入人类生活，成为农业活动的补充。

农业的开端 | 4

种植水稻
大约8 000年前,人类开始在被水淹没的田地里种植水稻。丰收时,他们会手持刃上有孔的专用斧头来收割庄稼。

肥沃新月
农业文明最早出现在小亚细亚半岛的南部,靠近底格里斯河和幼发拉底河。这是人类第一次不再狩猎,而是自己种植食物。这块良田所在的区域,外形就像一个四分之一的月亮,因此得名"肥沃新月"。

11 000 岁
这是一把农用镰刀的年龄,是在埃及尼罗河流域发现的。

城市
农业的发展产生了农作物的剩余,于是城市随着贸易交流发展起来,并各自拥有了属于自己的文化。

播种
使用木制犁可以更快更好地清除泥土,开垦出更多的耕地。

文字的发明

人类文字最早出现在美索不达米亚的苏美尔，用来记录农业生产信息，极大地方便了粮食储备。这些文字逐渐发展成为象形文字系统，也就是代表物体的符号，并最终演变成大多数现代人使用的表音文字。在表音文字中，符号表示各个单词对应的发音。文字是历史上最重要的发明之一，它让人类得以表达思想，记录史实。

公元前4000年

在这个时期，人类第一次使用了文字。

楔形

苏美尔文字也被称为楔形文字，它是指在泥板上刻画的一系列楔形记号。

尼达巴赞美诗

苏美尔人写下了关于神的故事，还记录了牧师在宗教仪式上颂唱的圣歌。尼达巴是苏美尔的文字女神，《尼达巴赞美诗》讲述了厄尔城被伊利神摧毁的故事。

文字的发明 **6**

苏美尔石碑
这块石碑发现于幼发拉底河沿岸的乌鲁克城废墟中，上面有用来表示数字的圆圈，还有简单的象形文字。研究人员已经从中确定了乌鲁克和小王国迪尔蒙的名字，后者位于亚述帝国的边陲。

表音文字
随着时间的推移，苏美尔人开始使用表音文字来记录发音。

象形文字
象形文字是用图画代表物体的文字体系。例如，一个倒着的三角形表示女人的含义。

文字意义的扩充
随着表音文字的出现，符号开始被用来表示单词的发音，人们因此可以记录下更多的内容。

度量衡
为保持交易公平，度量衡制出现了。随着埃及和安纳托利亚开始建立货币体系，黄金和白银开始用来交换商品。

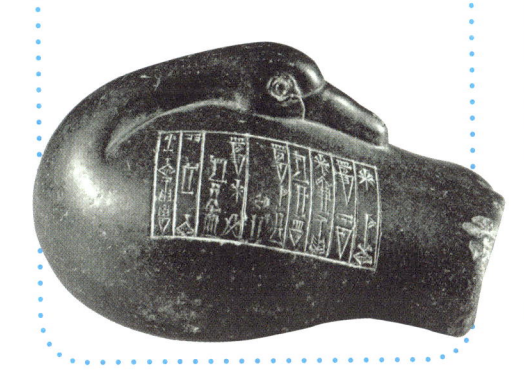

文字的演变
楔形文字中的符号原本只是对某个对象的现实描绘，但它们渐渐地发展成了更抽象的形状，类似于中国文字体系里的表意文字或符号。

	公元前3200年	公元前3000年	公元前2500年	公元前2300年	亚述
神					
女性					
鱼					
水					

巴比伦

古巴比伦建于约公元前2300年，位于今天的伊拉克一带，是美索不达米亚最强大的城市。巴比伦人相信这座城市属于马尔杜克神，因为他授予了国王以其名义统治臣民的权力。巴比伦人也是最早使用黄金和白银等贵金属作为货币的族群之一。此外，他们还开发了新型药物。

传说巴比伦是由尼姆罗德建立的，他还是下令建造巴别塔的国王。

70 米
这是巴比伦神庙的高度，也被称为塔庙。

巴比伦之狮
这座雕塑实际上是由赫梯人制作的，他们生活在公元前18世纪至公元前12世纪之间的安纳托利亚。巴比伦之狮是在伊拉克的尼布甲尼撒宫殿废墟中发现的，是巴比伦人带回来的战利品。

巴比伦 8

爱情女神
伊什塔尔是巴比伦的爱情、战争、性和生育的女神。

女神是金星的象征。

智慧之神
巴比伦人崇拜智慧和文字之神纳布。在艺术品中,他经常以手持写字板和书写工具的形象出现,传说那是在记录每个人的命运。

汉谟拉比法典

《汉谟拉比法典》（以下简称法典）颁布于公元前1776年左右，是历史上最早的成文法之一。它总共包含282条法律，都是巴比伦国王汉谟拉比所做的各项决定。在《法典》颁布之前，祭司们负责监督民众遵守各项规章制度，而《法典》以文字的形式将这些规则记录下来，成为必须遵循的律法。

石碑
《法典》被刻在一根2.25米高的玄武岩柱上。

全民法
汉谟拉比在整个王国传播他的《法典》，让他统治下的每一个人都遵守同样的法律。

符号
圆圈是用来代表权力的符号。

独石柱
这块巨石记录了一名死刑犯的详细情况，判决者是亚述国王萨尔贡二世。他在汉谟拉比之后继位，是埃及、乌拉尔图和埃兰的公认敌人。

以牙还牙
"以眼还眼,以牙还牙"的思想,早在《法典》中就已经有了记载。

《法典》中的女性
巴比伦社会是由男性统治的。除了可以判处死刑的通奸和乱伦外,法律几乎没有提及女性。

文字
大多数的石柱法律都是用楔形文字写成的。

神法
美索不达米亚人相信法律来自神的旨意,是沙玛什神将法典赐予巴比伦国王的。

1901
法国人雅克·德·摩根于1901年在伊朗发现了《法典》。

主题
《法典》规定了对偷窃、谋杀和损坏财产行为的惩罚,规范了奴隶的待遇,并详述了已婚居民的责任和义务。

公开
公开展示《法典》,目的就是让所有居民都知道它的问世。虽然当时识字的人不多,但能看懂的人可以大声朗诵给别人听。

历险
这根柱子最初矗立在锡帕的沙玛什神殿里。后来,入侵巴比伦的埃兰人把它带到了苏萨城。1901年,在苏萨城遗址发现了此石柱,随后被运至巴黎卢浮宫展览至今。

古埃及

在北非尼罗河沿岸，埃及文明已经延续了三千多年。那是一个由法老统治的伟大王国，埃及人建造了巨大的纪念建筑，例如金字塔，它是用来存放法老尸体的。许多纪念建筑上都刻有象形文字，它是埃及人自己发明的表意文字体系。

纸莎草
这种高大的植物生长在尼罗河三角洲，埃及人将它们的茎压制成纸。

神圣的洪水
每年，尼罗河都泛滥。但埃及人会把洪水视作来自神的礼物，因为洪水退后，留下的淤泥非常适合种植庄稼。

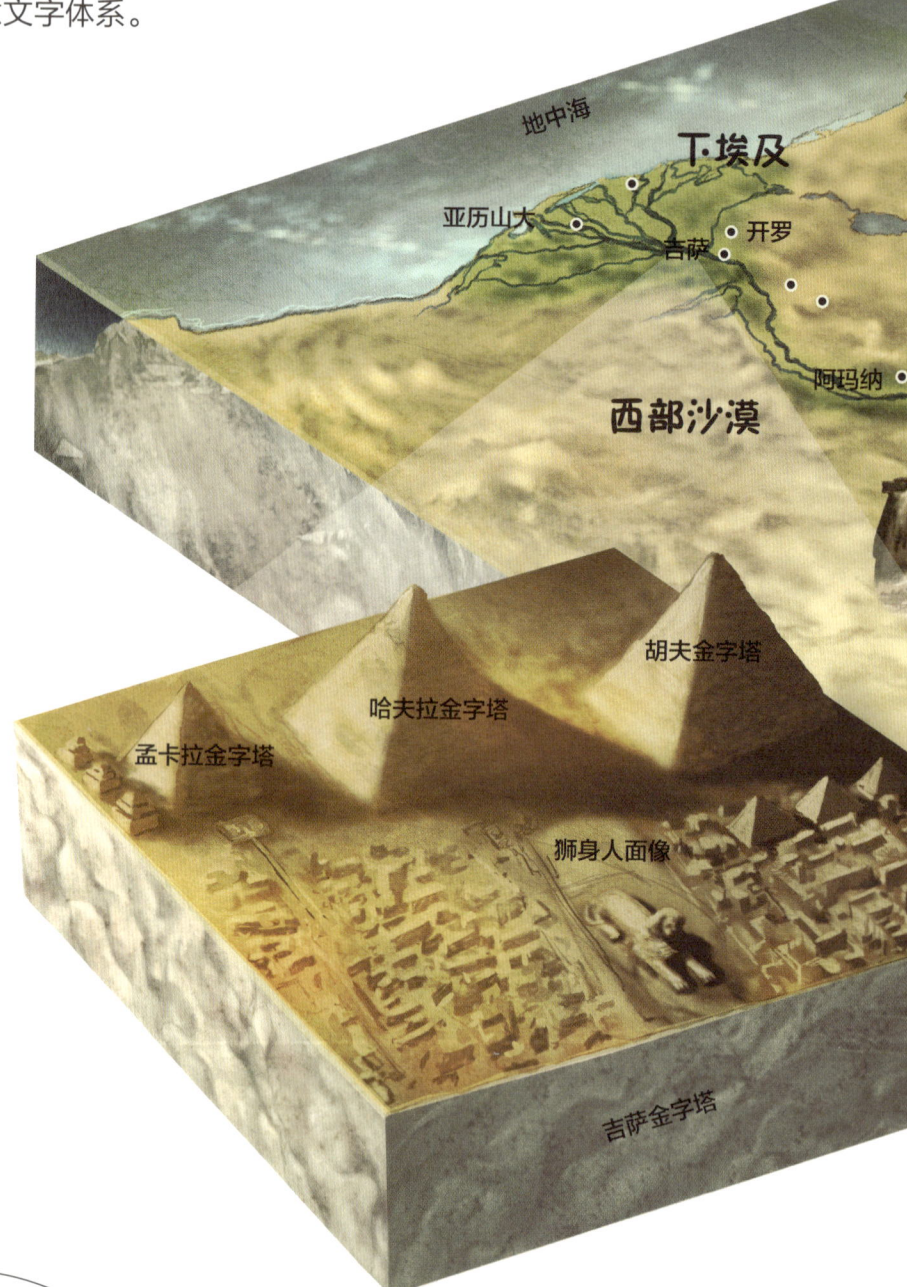

地图标注：地中海、下埃及、亚历山大、吉萨、开罗、阿玛纳、西部沙漠、胡夫金字塔、哈夫拉金字塔、孟卡拉金字塔、狮身人面像、吉萨金字塔

狮身人面像
这座位于吉萨的纪念建筑有狮子的身体，而其头部据说是以法老哈夫拉为原型的。

4 000 岁
这是吉萨金字塔的年龄。

古埃及 | 12

红海航船
埃及人驾驶着装有桅杆和长方形帆的小船在海上航行。

历史时期
古埃及文明的历史有三个主要时期，它由32个不同的朝代（王室）统治。金字塔建于古王国时期。

公元前3200年—前2300年：古王国时期

公元前2100年—前1788年：中王国时期

公元前1580年—前1090年：新王国时期

地图标注：东部沙漠、红海、上埃及、底比斯、埃德夫、国王谷、阿布辛贝、努比亚沙漠、努比亚沙漠

卡纳克神庙
卡纳克是埃及最大的神庙建筑群，它建于底比斯古城。

穿越沙漠
沙漠不适宜人居，古埃及人大多数住在尼罗河附近，从事农业生产。不过，当时的沙漠里还是遍布绿洲的，那里有水源，可供旅行者中途休憩。人们赶着成群的骆驼穿越沙漠，与生活在这里的居民进行贸易。

阿布辛贝神庙
阿布辛贝的石壁上镶嵌着两座石窟神庙，一座供奉法老拉美西斯二世，另一座供奉普塔赫神、阿蒙拉神。

哈特谢普苏特神庙
哈特谢普苏特是第一位女性法老。为了更好地统治王国，她以男装形象示人。

古印度文明

就像美索不达米亚和古埃及文明一样，古印度文明也兴起于河流沿岸。印度河从高地流向阿拉伯海，穿过3 000千米长的印度平原。印度河流域有大片肥沃的土地，适宜定居和耕种。

农业
印度河流域种植的主要农作物是小麦、大麦、块根蔬菜和海枣。

1922
英国考古学家于1922年发现了摩亨佐达罗，它是古印度文明的主要城市之一。

陶俑
1946年，英国考古学家莫蒂默·惠勒爵士在哈拉帕发现了许多女性形象的小陶俑，其中一些甚至被贵金属包裹着。这些陶俑是古印度人的生育女神，但因为它们的数量实在太多，很可能是被用来交易的。

古印度文明 14

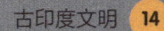

印度文字体系

古印度文明有自己的文字体系，包括至少20个字符和200多个符号，主要用于商业活动和宗教场所。古印度人的语言与泰米尔语有关，后者是印度南部仍然使用的语言。

目前还不清楚古印度文字体系中各种符号的含义。

祭司国王

在印度河流域的废墟中没有发现神庙建筑，只有一些小型的女神雕像。在这些城市信奉的宗教体系里，国王既是军事家又是精神领袖。图中的这尊雕塑被视作是其中一位"祭司国王"。

古代中国

我们从古代的商朝说起，它的统治持续了七个世纪。其后，周朝从公元前1046年建立，到公元前221年结束。在这一时期形成了中华文化，而伟大的思想家孔子就生活在这个时代。

孔子

哲学家孔子生活在公元前551—前479年，他是中国历史上最重要的人物之一。他制定了一套道德准则，至今仍有许多人遵循该准则。

玉器

从新石器时代末期开始，人们将玉器视为可以带来好运的吉祥物，在中国文化中占据了重要地位。玉主要被用以制造礼器，有时也会雕琢成工具和武器的形状。

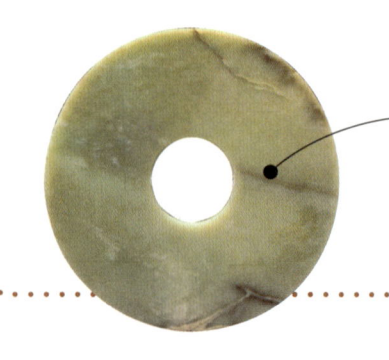

圆形的玉片
这块玉璧起源于新石器时代末期。

玉牛
这件玉器成型于周代。牛是十二生肖中的动物之一。

古代中国

青铜
中国的青铜时代始于商代，鼎盛于周代。青铜铸造工厂多熔铸礼器和兵器。

37 名
在周代，先后有37名天子即位。

铜编钟
这座编钟是由青铜铸成的，上面装饰有宗教符号。

礼器
在商周时期，祭祀用的杯瓶等器皿有着特殊的装饰方式。在出土的礼器碎片上，常常描绘着凶猛的动物，如下图中的老虎，这些都是守护者或保护者的形象。

阿兹特克人

公元13—16世纪,阿兹特克人生活在现在的墨西哥中部地区。他们建立了庞大且高度组织化的帝国,首都设在特诺奇蒂特兰,也就是今天的墨西哥城遗址。根据这座城市残存的痕迹,可以想象它当年拥有何等宏伟的建筑。阿兹特克人建立起高大的庙宇,让祭司们可以更接近那些生活在天空之上的神。

42米

这是阿兹特克大神庙的高度,它是这座城市里最高的庙宇。

阿兹特克大神庙
这是一座主庙,有台阶通向两座较小的庙宇。阿兹特克人在这里向特拉洛克和惠齐洛波契特利神进行血祭。

羽蛇神庙

特拉洛克神
特拉洛克是阿兹特克神话里的雨神,掌管雷电,能使山泉潺潺流下。特拉洛克的形象有着大而圆的眼睛,有时蛇会从他的嘴里钻出来。

大屋
这里有专为统治帝国的贵族和牧师建造的房屋,还有传授天文学和宗教信仰的教室。

饰品
阿兹特克人戴着做工精细的金首饰，用这些华贵的饰物彰显主人的地位。

太阳神庙
这里保存着阿兹特克人太阳历石，这在他们的宗教体系里非常重要。

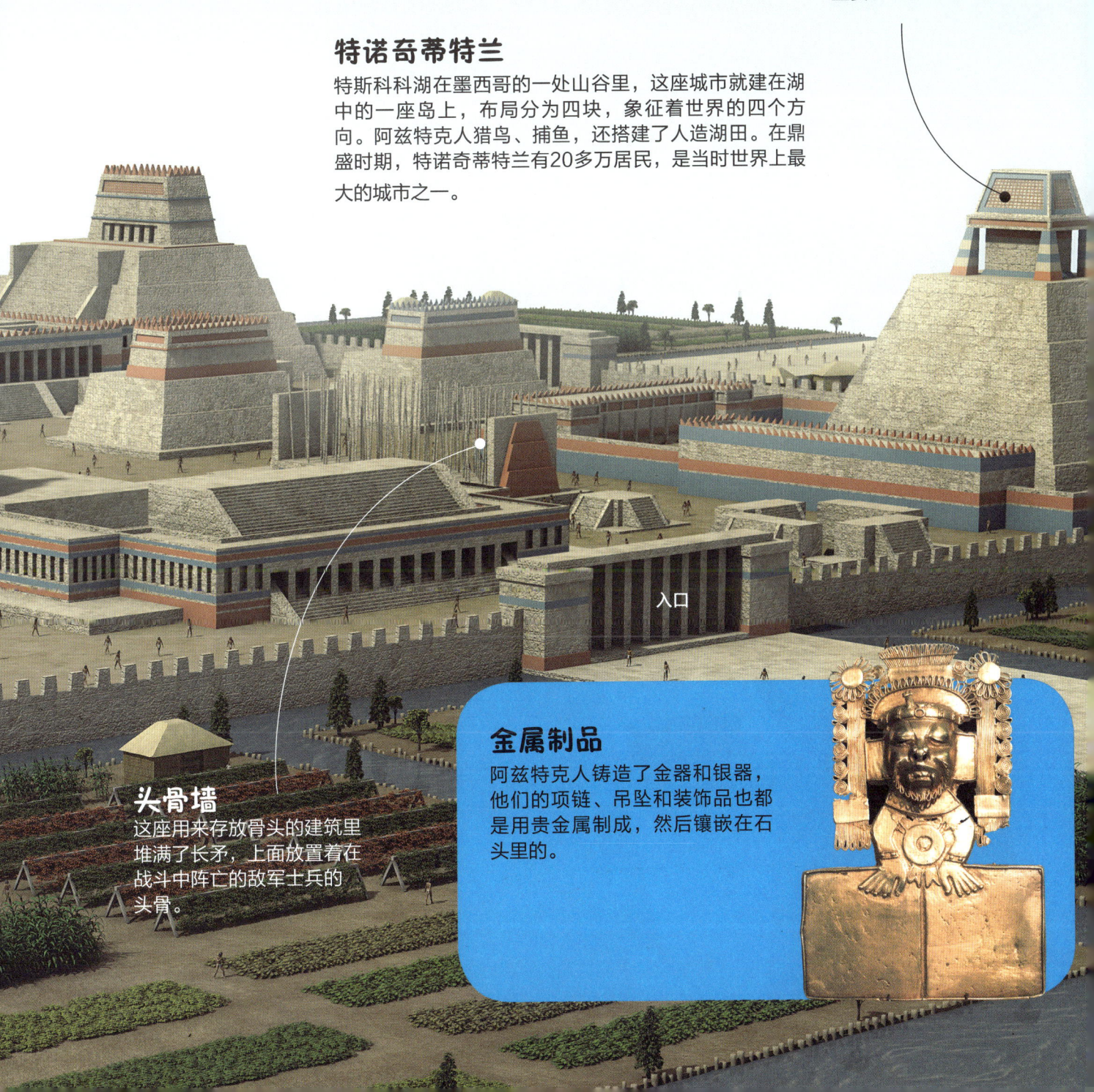

特诺奇蒂特兰
特斯科科湖在墨西哥的一处山谷里，这座城市就建在湖中的一座岛上，布局分为四块，象征着世界的四个方向。阿兹特克人猎鸟、捕鱼，还搭建了人造湖田。在鼎盛时期，特诺奇蒂特兰有20多万居民，是当时世界上最大的城市之一。

入口

头骨墙
这座用来存放骨头的建筑里堆满了长矛，上面放置着在战斗中阵亡的敌军士兵的头骨。

金属制品
阿兹特克人铸造了金器和银器，他们的项链、吊坠和装饰品也都是用贵金属制成，然后镶嵌在石头里的。

阿兹特克人 18

波斯帝国

大约2600年前，来自西南亚的波斯人建立了庞大的帝国。它西起地中海，东至印度边界。不同于其他帝国的是，波斯帝国允许其征服的人民保留自己的风俗和宗教。即便如此，叛乱仍然频发，战火不断，最终与希腊人的战争彻底摧毁了这个帝国。

进贡
在波斯人征服其他地区后，当地首领们开始派遣使者向波斯国王进贡。

礼物
使者献给国王的礼物包括食品、饮料、珠宝和动物。

服装
在波斯艺术作品中，常常出现风格各异的服装，这展示了帝国内部的不同文化。

居鲁士大帝

扩展波斯版图的统治者是后来被称为"大帝"的居鲁士二世。他成功反抗了曾经统治波斯人的米底帝国，然后通过几次征服壮大了他的帝国。

居鲁士的战斗

推翻了米底之后，居鲁士开始扩张他的帝国。他先在小亚细亚（土耳其）打败了巴比伦和希腊城邦，然后与腓尼基人联手，借用他们的船只跨越了地中海。最终，在与波斯东北部玛撒该塔伊部落的战斗中，居鲁士不幸身亡。

300 万平方公里

这是波斯帝国在鼎盛时期的国土面积。

间谍

波斯国王派遣间谍到帝国各地监视他们的人民，扼杀叛乱的萌芽。

希腊城邦

希腊的迈锡尼文明在公元前1100年消失，留下了一片小城镇。随着时间的推移，这些城镇发展成为富裕的城邦，每一座城邦的治理模式都如同一个小国。城邦之间相互敌对，但使用相同的语言，信奉共同的宗教。其中，雅典和斯巴达是最强大的城邦，雅典是知识和文化的中心，而斯巴达因其勇猛无畏的战士而闻名，这两大城邦之间也经常爆发战争。

聚居地
每个城邦都在地中海沿岸建立了小城镇，进行贸易往来。

城邦

迈加拉
与雅典势均力敌的毗邻城邦迈加拉，非常富裕，在黑海周围先后建立了几个殖民地。

阿哥斯
为了争夺伯罗奔尼撒半岛南部的控制权，阿哥斯与斯巴达进行了长期的斗争。

希腊城邦 22

奥运会
在西部的奥林匹亚市,各个城邦每四年都会聚集在一起,举行一系列的体育比赛来纪念他们信奉的神。奥运会期间,禁止所有战事。

雅典卫城

以弗所
以弗所是贸易中心,城内有阿尔忒弥斯神庙。如今,该神庙的废墟为古代世界七大奇迹之一。

米利都
这座城邦拥有自己的殖民地,它是许多杰出哲学家的故乡,泰勒斯也是其中之一。

底比斯
底比斯是雅典的死敌,也是最古老的城邦之一,在2 400年前发展到了鼎盛时期。

雅典
雅典城被划分为两块空间。至高处是卫城,由大量防御工事拱卫着神庙重地。低处是广阔的公共场所,祭坛、广场、剧院和运动场都在这个区域。

亚历山大大帝

公元前4-5世纪，希腊城邦日渐式微。毗邻的马其顿王国崛起，在其国王菲利普二世的带领下入侵了希腊。从公元前336年到327年，菲利普二世的儿子亚历山大征服了波斯人和几乎所有已知的地区，他的伟大帝国西起希腊，东至印度，南抵埃及。

比塞弗勒斯
比塞弗勒斯是亚历山大的坐骑，跟随它的主人参加了许多战斗。

征服
亚历山大先后征服了小亚细亚、腓尼基、埃及和美索不达米亚，并在数场战役中多次击败波斯人，最终占领了他们的首都波斯波利斯。随后，他继续向东，打败了印度国王波卢斯。

亚里士多德
亚历山大年轻时，伟大的希腊哲学家亚里士多德是他的老师。

亚历山大大帝 **24**

亚历山大

伊苏斯之战
公元前333年，亚历山大的征战惊动了波斯国王大流士三世，他决定在伊苏斯平原与亚历山大对峙。这场战役中，大流士惨败。

大流士三世

作战策略
战斗中，马其顿人让士兵成排列队，相互之间没有空隙，并给第一排士兵装备了长矛。在当时，这样的战阵是敌人无法突破的坚固屏障。

① 在骑兵右侧安排一支士兵小队。

敌军

骑兵

② 这支小队发起进攻，突破了敌人的防线。

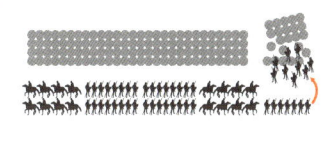

③ 骑兵们纵马穿过被突破的缺口。

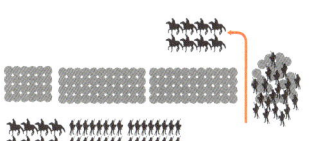

70 座城
是亚历山大在征战期间建立的。

罗马帝国

公元1世纪，鼎盛时期的罗马帝国控制了整个地中海。该帝国的前身是罗马共和国，在共和国后期的惨烈内战中，奥古斯都终结了混乱，并成为罗马帝国的第一任皇帝，他和他的继任者共同创造了历史上最强大的帝国之一。

庞大的帝国
超过5 000万人生活在罗马帝国统治之下。

尼禄
历史上著名的暴君，传说他为了扩建宫殿而放火烧了罗马城。尼禄被罗马元老院视为公敌，最后自杀身亡。

罗马帝国

奥古斯都
在第一任皇帝奥古斯都的统治下，罗马军队征服了新的疆域，以扩大帝国的规模，增强其财富实力。

图拉真
罗马帝国在图拉真皇帝统治时期（公元96—117年）达到了最大规模。人们在罗马建造了图拉真纪念柱，讲述了他征服达契亚的故事。

5个世纪
这是罗马帝国存在的时间。

罗马和平
这是罗马帝国和平时期的名称。

罗马帝国的灭亡

罗马帝国的衰落有诸多原因，包括经济危机、权力斗争、宗教危机和北方入侵等。最终，帝国再也没有能力击退入侵者了。大约在1500年前，庞大的罗马帝国被一分为二。

殖民地
罗马帝国被迫放弃了它的许多殖民地，例如北非的沃鲁比利斯，后来被阿拉伯人占领。

中世纪
罗马帝国的衰落标志着中世纪的开始。

入侵

来自北欧的哥特人、汪达尔人、法兰克人和匈奴人部落开始频繁地攻击罗马帝国,加速了推翻末代帝王的步伐。

公元476年

罗马帝国在西方的统治结束了。

分裂

罗马帝国的发展停滞后,没有新的物资和奴隶来源,非常容易受到经济危机的影响,不断扩充的军队没有充足的粮饷,巨额的帝国管理费无力承担。不久后,帝国一分为二,成为以罗马为中心的西罗马帝国和以君士坦丁堡中心的东罗马帝国。狄奥多西一世死于公元395年,他是完整的罗马帝国的最后一任君主。

维京人

维京人，也叫北欧海盗，生活在斯堪的纳维亚地区。他们从8世纪开始就进行了一系列大胆的海上航行，并在随后的三个世纪入侵了欧洲南部和西部的国家。他们抵达俄罗斯，入侵法国，征服爱尔兰和英国北部的部分地区，掠夺地中海沿岸，甚至到达过北美海岸。

硬币
航海在维京人生活中至关重要。船的形象经常出现在维京人的坟墓、珠宝和硬币上。

武器装备
维京人的剑是他们最宝贵的财产。

贡献
尽管维京人的袭击让沿线居民陷入恐慌，但他们确实为贸易做出了积极的贡献。此外，他们并不固步自封，而是广泛采纳所征服之处的风俗习惯。

维京社会
从9世纪开始，斯堪的纳维亚人开始有组织地建立独立的王国。国王在权力结构的顶端，被一众贵族拱卫，下面是热爱战争和探险的维京勇士，而农民和奴隶在结构的最底层。

信仰
维京人的信仰是建立在一系列解释世界起源的神话上的。他们有许多神灵，其中最重要的是战争、智慧、诗歌和音乐之神奥丁。奥丁的儿子托尔是雷神，是人民的保护者。

莱弗·埃里克松

大约在公元1000年,莱弗在靠近加拿大海岸的纽芬兰登陆。

探险

维京人是伟大的探险家。格陵兰岛和冰岛都沦为了他们的殖民地。维京人也是目前已知的第一批踏上美洲领土的欧洲人。冰岛神话讲述了这样一个故事:有几艘船在从冰岛航行到格陵兰岛的途中,因一场风暴偏离了航线。就这样,他们误打误撞地到达了北美海岸。

793年

公元793年,维京人开始掠夺英格兰海岸附近的林迪斯法恩。

结局

公元1100年,维京人皈依基督教,一个时代结束了。

科学与阿拉伯

中世纪时期，科学知识取得了巨大进步。阿拉伯学者翻译并研究了古希腊和罗马的文献，以此建立起自己的知识体系，此外，阿拉伯城市内还开设了大学，并成为科学研究的中心。阿拉伯学者在许多领域成就斐然，特别是数学、天文学和医学。

数学
阿拉伯最大的成就之一是推广了印度使用的10进制计数体系，并第一次引入了该体系中"0"的概念。

力学
阿拉伯人制造了许多精美的机器，这座水钟就是其中之一。

天文学
阿拉伯人对观星法进行了创新，制作出精确的历法和星图，并发明了测量恒星位置的新仪器。

科学与阿拉伯

医学
医学随着化学、药用植物的使用和人体解剖学的研究而发展。当时，阿拉伯医生被认为是世界上最好的医生。

450本
阿维森纳总共写了450本书。

阿维森纳
阿维森纳是一名波斯医生、博物学家和哲学家，10世纪时曾在巴格达宫廷工作。他的著作《医典》提供了一套完整的医学体系。

星盘
借助这个仪器，水手们可以通过测量恒星的位置来进行导航。

成吉思汗与蒙古帝国

13世纪，成吉思汗聚集了各个蒙古部落，建立起强大的新蒙古国。训练有素的蒙古军队四处征战，造就了历史上最大的陆上帝国。

蒙古联邦
成吉思汗的第一个成就是联合了蒙古各部落。

信使
蒙古皇帝派出10 000名信使，让他们骑马前往帝国的各个地方。

大帝国
在不到20年的时间里，成吉思汗征服了整个中亚地区。他的疆域连接了里海和太平洋，包括欧亚大陆的大部分地区。

成吉思汗
公元1162年左右，成吉思汗出生于蒙古一个小部落的贵族家庭，原名铁木真。在与几个不同的部落作战后，他成为新蒙古部落联盟的首领，并于1206年当选为蒙古人的最高领袖，得名成吉思汗。1227年，他在一次军事行动中不幸身亡。

5 800 千米
这是成吉思汗去世时，蒙古帝国的跨度。

蒙古军队

蒙古人全民皆兵，从小就接受战争训练。蒙古军队的成功得益于其有效的组织方式。

装备

蒙古士兵身穿皮甲和毛坯大衣，头戴钢盔，携带弓箭、盾牌、斧头和长矛。

马术

蒙古人是优秀的骑兵，他们学会了使用马镫，可以在疾驰时平稳地挽弓射箭。

大汗

成吉思汗死后30年，一位伟大的蒙古皇帝——成吉思汗的孙子忽必烈建立了元朝。

文艺复兴与人文主义

14世纪到16世纪之间,西欧的文化和科学经历了爆炸式发展,被称为文艺复兴。在此期间,人文主义掀起一场新的运动,强调教育的重要性,希望打破中世纪的宗教限制,恢复古希腊和罗马的价值观。

人文主义
人文主义者强调作为个体的人的重要性。

印刷机
约翰内斯·古登堡在1450年左右发明了印刷机,来帮助更快地传播新思想。

科学家
文艺复兴时期,科学家们开始以实验为基础进行研究。这种研究科学的新方法很快就得到了回报。

列奥纳多·达·芬奇
达·芬奇不仅是一名著名的画家,还是发明家和物理学家。

尼古拉·哥白尼
在此之前,人们一直相信太阳是绕着地球转的,但哥白尼认为是地球在围绕太阳转动。

帕拉塞尔苏斯
帕拉塞尔苏斯是一名医生,他最早研究了症状和疾病之间的关系。

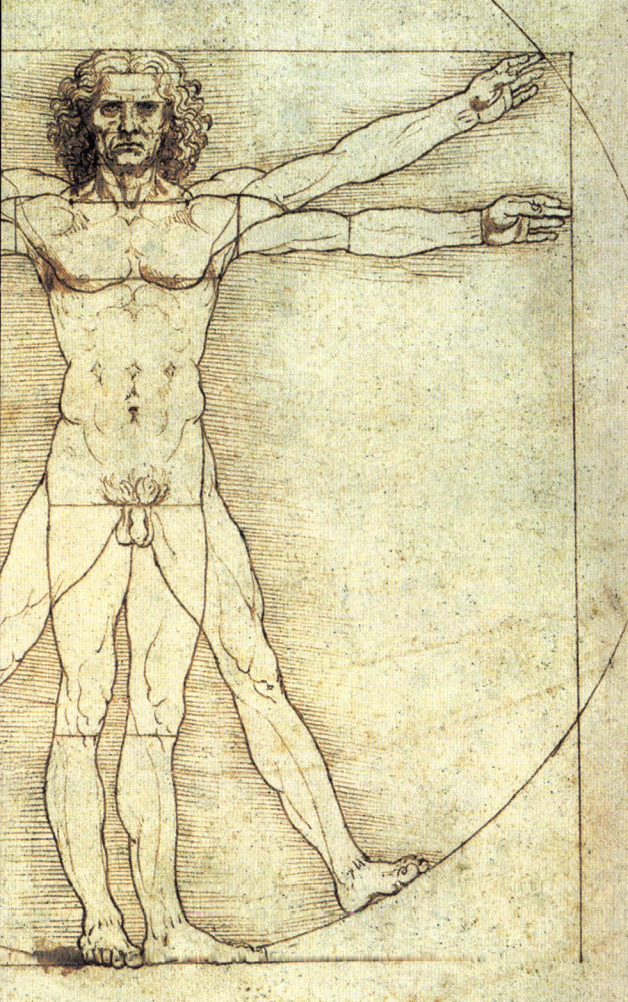

新视野

中世纪时期，所有艺术和思考都是围绕上帝进行的。然而，文艺复兴和人文主义认为，人才是一切事物的中心，这是人类第一次被视作自己命运的主宰者。列奥纳多·达·芬奇创作的《维特鲁威人》展示了他对人体比例的研究，后来成为文艺复兴思想的象征。

佛罗伦萨大教堂

由菲利波·布鲁内列斯基设计的大教堂是文艺复兴时期最优秀的教堂之一，因其宏伟的穹顶而得名大教堂。

文艺复兴的中心

文艺复兴起始于繁荣的意大利城邦，新一代的思想家和艺术家得到了富有的意大利王子的资金支持。

征服美洲

1492年8月3日，克里斯托弗·哥伦布从欧洲启航，并于10月12日抵达了美洲，当时那里还是一块陌生的大陆。不久之后，各路探险队从欧洲出发，前往这些新发现的土地并征服它们。欧洲列强凌驾于当地土著之上，开始了长期的殖民统治。

33天
这是哥伦布在看到新大陆之前航行的天数。

意外发现
克里斯托弗·哥伦布是一名来自意大利热那亚的船员。他从西班牙出发，试图寻找一条通往亚洲的新航线，却误打误撞地发现了加勒比海的巴哈马群岛。哥伦布去过三次美洲，却一直将它误认为亚洲。

在武力征服美洲土著后，欧洲人还想让他们皈依基督教。

征服土著

新来的西班牙征服者发现了当地的两种先进文化,即墨西哥的阿兹特克文明和秘鲁的印加文明,并毁灭了这两种文化。

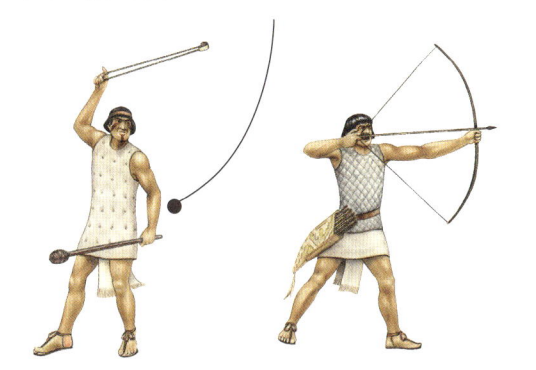

征服者

征服者的盔甲和武器比美洲土著的先进许多,他们还将流感等新的疾病带去了那块大陆,导致数百万当地人死亡。

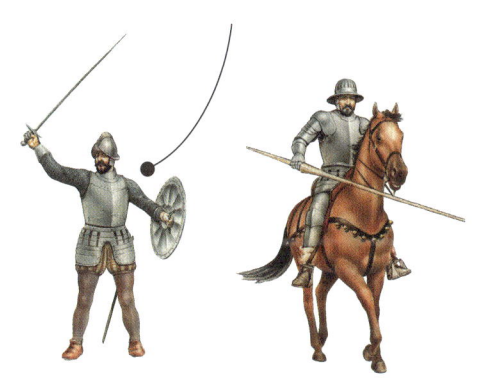

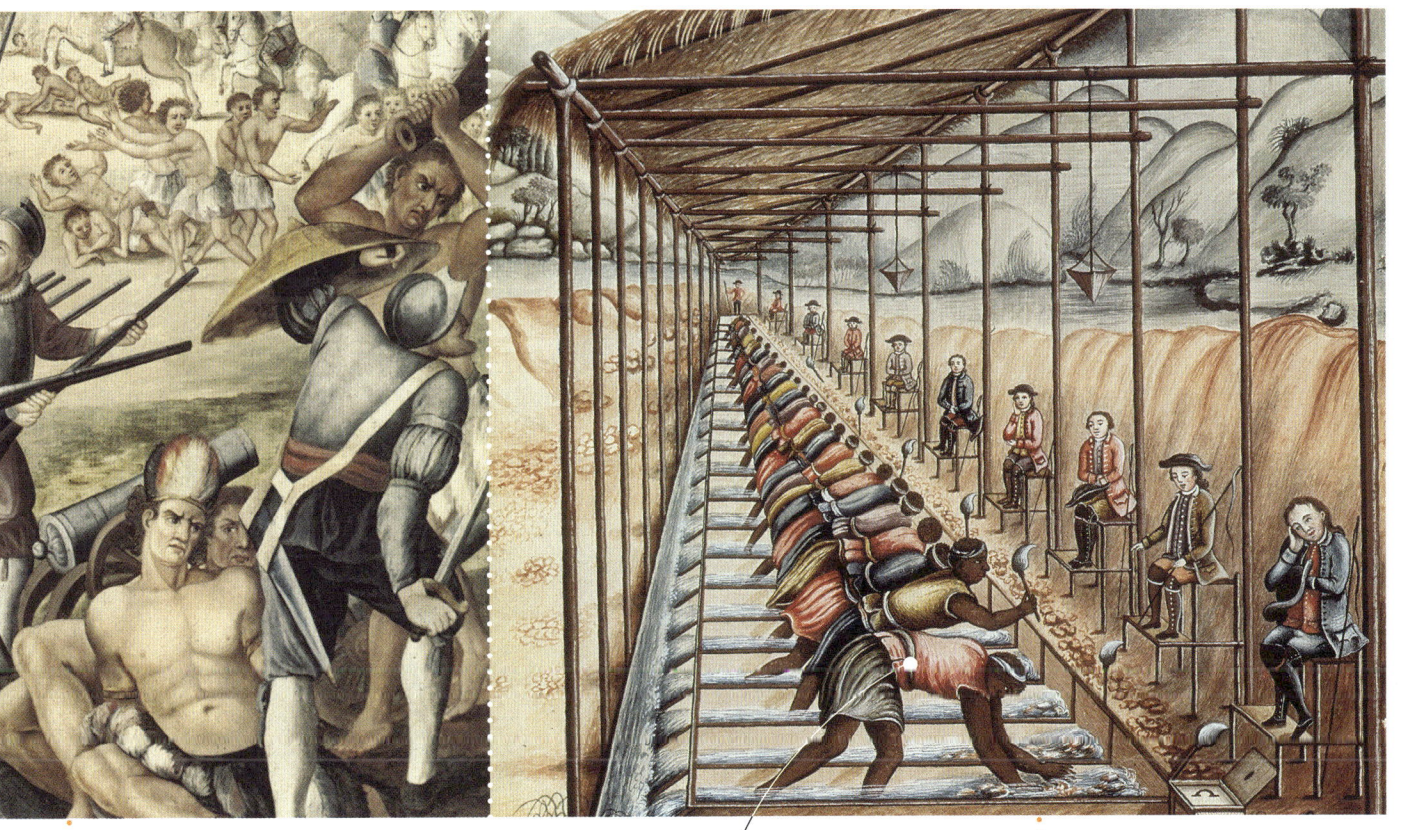

征服

征服美洲土著的场面十分血腥。西班牙人占领了加勒比海和中美洲,打败了墨西哥的阿兹特克人和秘鲁的印加人;葡萄牙人占据了巴西;而法国人和英国人则在北方扎下根来。

奴隶

葡萄牙人将奴隶带到巴西的种植园工作。当地人口大量死于疾病,因此需要外来的奴隶经营种植园。

殖民时代

在征服美洲之后的几个世纪里,欧洲列强在美洲建立了许多殖民地,他们从那里带回了很多黄金和白银,并开始开辟种植园来生产咖啡、糖和烟草。

法国大革命

1789年,法国人民推翻了君主制政权,处死了国王路易十六和王后玛丽·安托瓦内特,开启了一个全新的时代。以"自由、平等、博爱"为口号的法国大革命就此拉开了序幕。

雅各宾派

这群激进的革命者主导了大革命中最血腥的年代。

大革命中的面孔

约瑟夫·西耶斯　　　乔治·雅克·丹东　　　让·保罗·马拉特

法国大革命

《人权宣言》
这份文件发表于1789年8月26日。它规定了自由权和财产权,认为所有公民在法律面前一律平等。

攻占巴士底狱
1789年7月14日,巴黎人民闯入巴士底狱,释放了囚犯。这是法国大革命中的一次重要事件。

决定性的十年
法国大革命以1789年6月17日为起点,旧政权被推翻,国家交由属于"第三等级"的资产阶级和平民统治。1799年,拿破仑·波拿巴发动政变,结束了大革命。

马克西米利安·罗伯斯庇尔

卡米尔·德斯莫林

拉斐特伯爵

路易·圣茹斯特

工业革命

从18世纪下半叶到19世纪初，起源于英国的工业革命传播到了欧洲其他地区，它改变了人们的生活和工作方式，同时也帮助各国摆脱了旧的工作制度，开始通过工厂和机器来制造商品。19世纪，铁路的出现加快了工业革命的进程，越来越多的人员和货物可以以更快的速度从一个地方到达另一个地方。

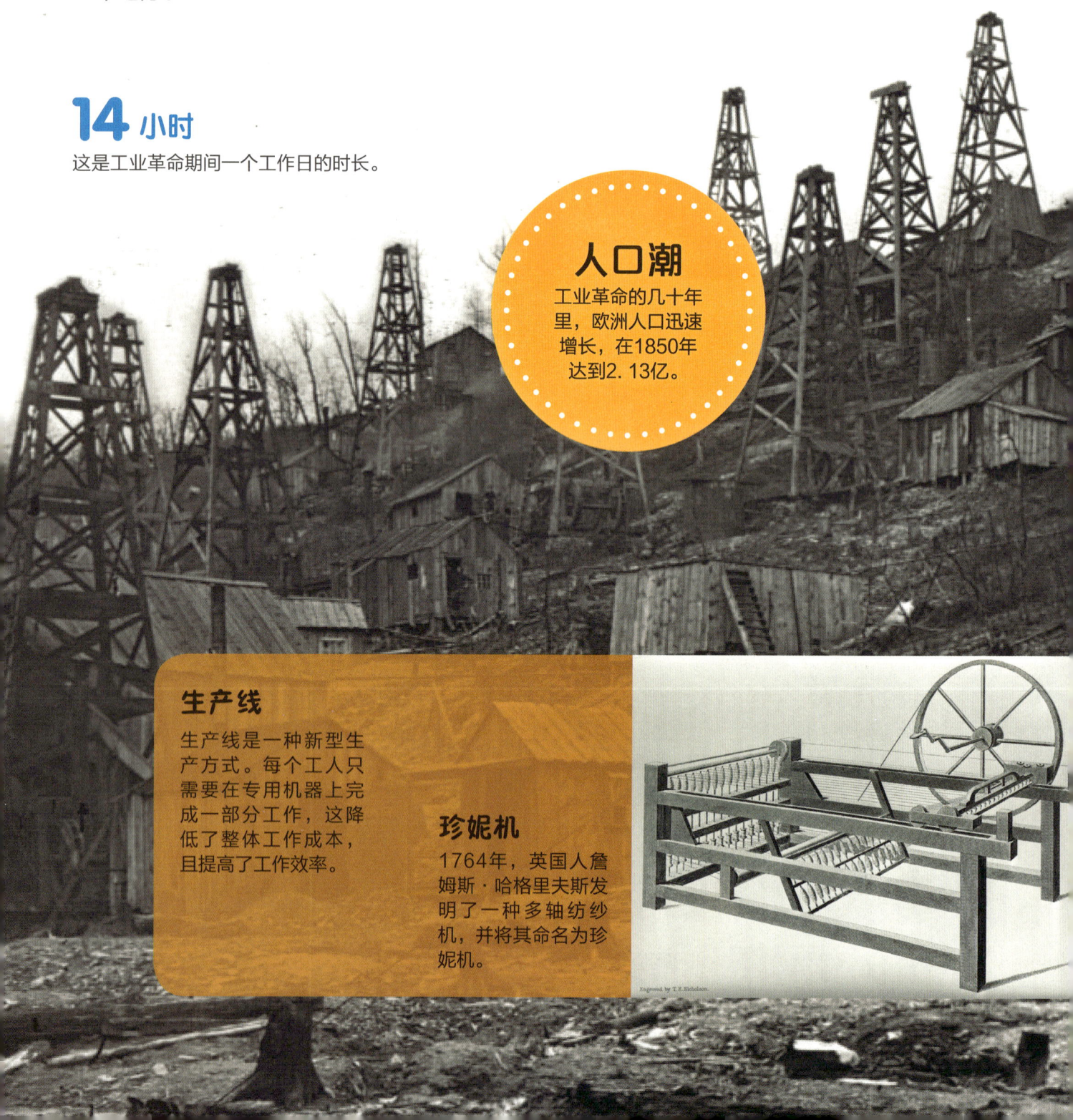

14 小时

这是工业革命期间一个工作日的时长。

人口潮

工业革命的几十年里，欧洲人口迅速增长，在1850年达到2.13亿。

生产线

生产线是一种新型生产方式。每个工人只需要在专用机器上完成一部分工作，这降低了整体工作成本，且提高了工作效率。

珍妮机

1764年，英国人詹姆斯·哈格里夫斯发明了一种多轴纺纱机，并将其命名为珍妮机。

工业革命 42

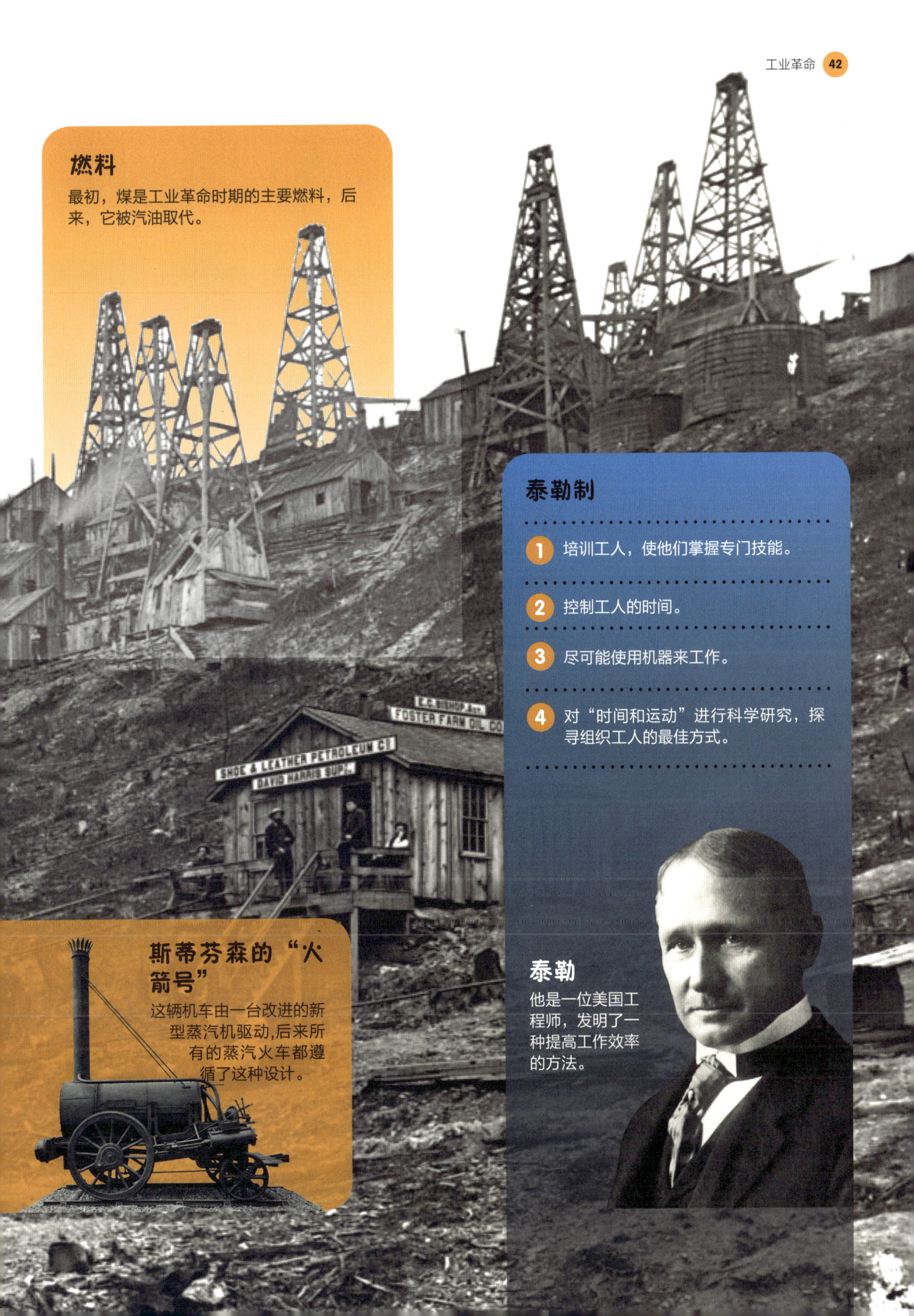

燃料

最初,煤是工业革命时期的主要燃料,后来,它被汽油取代。

泰勒制

1. 培训工人,使他们掌握专门技能。

2. 控制工人的时间。

3. 尽可能使用机器来工作。

4. 对"时间和运动"进行科学研究,探寻组织工人的最佳方式。

斯蒂芬森的"火箭号"

这辆机车由一台改进的新型蒸汽机驱动,后来所有的蒸汽火车都遵循了这种设计。

泰勒

他是一位美国工程师,发明了一种提高工作效率的方法。

美国独立战争

截至18世纪中叶,英国在北美有13个英国殖民地。英国对殖民地居民进行征税,但却剥夺了他们对于治理方式的发言权。殖民地居民对此不满,他们的抗议活动遭到了英政府派遣士兵的镇压。1775年4月,在马萨诸塞州的列克星敦发生了武装冲突,由此引发了独立战争。

革命军

1775年6月17日,波士顿附近的邦克山爆发了第一次重大战役。1776年圣诞夜,乔治·华盛顿率领革命军渡过了德拉瓦河。

时间线

1775 美国独立战争开始。

1776 7月4日,大陆会议(13个殖民地的管理机构)通过了《独立宣言》。

1777 英军在纽约的萨拉托加大败,随后占领了宾夕法尼亚州的费城。法国支持美国。

1778 英国人占领了佐治亚州的萨凡纳。

1779 西班牙参战支持美国。

1780 荷兰人参战支持美国。英国在南卡罗来纳州获得胜利。

1781 英军在弗吉尼亚州的约克敦被包围,英国投降。

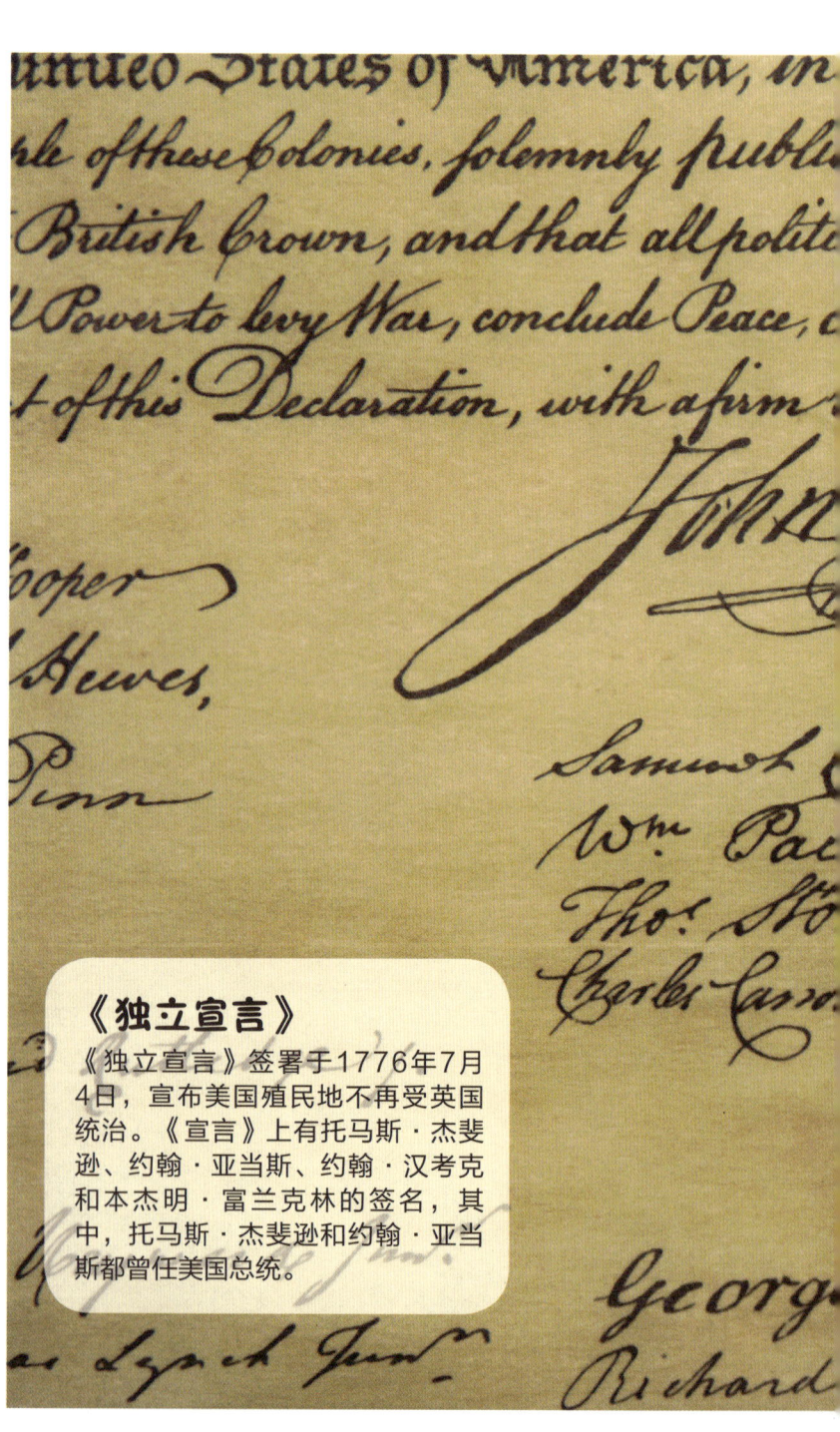

《独立宣言》

《独立宣言》签署于1776年7月4日,宣布美国殖民地不再受英国统治。《宣言》上有托马斯·杰斐逊、约翰·亚当斯、约翰·汉考克和本杰明·富兰克林的签名,其中,托马斯·杰斐逊和约翰·亚当斯都曾任美国总统。

美国独立战争 44

1781年
约克敦战役后，英国军队投降，独立战争结束。

同盟国
法国、西班牙、荷兰等国家与美国一起参与了战争。

保罗·列维尔
保罗·列维尔是一名波士顿的银匠。在1775年4月的列克星敦和康科德战役前，他连夜骑马告知殖民地民兵英军即将来袭的消息，并因此闻名。

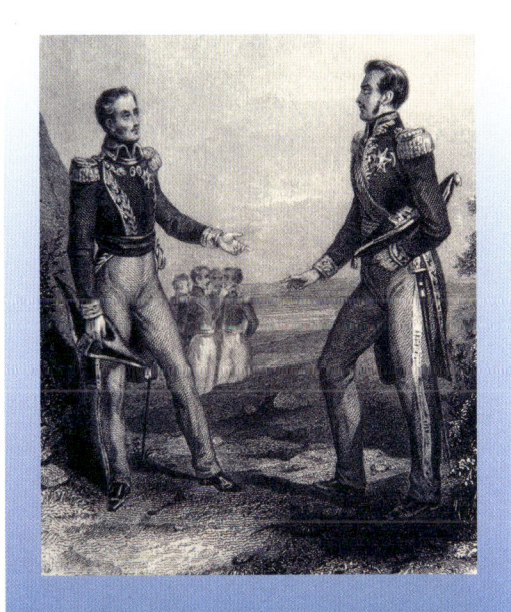

解放者们
美国独立战争胜利数十年后，为摆脱西班牙和葡萄牙的殖民统治，拉丁美洲人民开始了自己的解放斗争。在这场运动中，出现了两位著名的领导者：玻利瓦尔和圣马丁。

掠夺非洲

19世纪80年代,以英国、法国、德国和葡萄牙为首的欧洲列强,开始在非洲大肆建立殖民地。随着工业化进程的加速,这些国家的财富实力不断增长,激励他们寻找新的原材料产地,并计划在非洲建立种植园,出产咖啡、糖和木材。在短短的20年里,欧洲几乎控制了整个非洲。

探索与征服

在整个19世纪,欧洲地理学会资助了许多探险队,他们都带着和平的科学目的前往非洲。然而,这些探险队却为后来对非洲的军事征服开拓了线路。

祖鲁人的衰落

19世纪70年代,祖鲁王国统治了南非。然而,祖鲁人在与英国人和布尔人的冲突中大败,他们建立帝国的梦想也就此破灭了。

祖鲁勇士
这是一幅19世纪的版画。

布尔人

布尔人是荷兰殖民者的后代,他们在南非反抗英国统治,后于布尔战争(1899—1902)中战败。

掠夺非洲 **46**

苏伊士运河

苏伊士运河打通了欧洲和印度的水路往来。1875年，埃及出售了它在这条重要运河中的股份，后被英国首相本杰明·迪斯雷利购得，极大地推动了英国在非洲的殖民进程。

本杰明·迪斯雷利

这是刊登在《伦敦速写本》上的英国首相的漫画。

传教士

英国传教士戴维·利文斯通从1841年开始探索非洲，直到1873年去世。

版权专有　侵权必究

图书在版编目（CIP）数据

万物有道理：图解万物百科全书：全5册 / 西班牙Sol90公司著；周玮琪译. —北京：北京理工大学出版社，2021.5

书名原文: ENCYCLOPEDIA OF EVERYTHING!

ISBN 978-7-5682-9478-2

Ⅰ.①万… Ⅱ.①西… ②周… Ⅲ.①科学知识—青少年读物 Ⅳ.①Z228.2

中国版本图书馆 CIP 数据核字（2021）第016021号

北京市版权局著作权合同登记号　图字：01-2020-6287

Encyclopedia about Everything is an original work of Editorial Sol90 S.L. Barcelona

@ 2019 Editorial Sol90, S.L. Barcelona

This edition in Chinese language @ 2021 granted by Editorial Sol90 in exclusively to Beijing Institute of Technology Press Co.,Ltd.

All rights reserved

www.sol90.com

The simplified Chinese translation rights arranged through Rightol Media （本书中文简体版权经由锐拓传媒取得Email:copyright@rightol.com）

出版发行 /	北京理工大学出版社有限责任公司
社　　址 /	北京市海淀区中关村南大街5号
邮　　编 /	100081
电　　话 /	（010）68914775（总编室）
	（010）82562903（教材售后服务热线）
	（010）68948351（其他图书服务热线）
网　　址 /	http：//www.bitpress.com.cn
经　　销 /	全国各地新华书店
印　　刷 /	雅迪云印（天津）科技有限公司
开　　本 /	889毫米×1194毫米　1/16
印　　张 /	13.5
字　　数 /	200千字
版　　次 /	2021年5月第1版　2021年5月第1次印刷
定　　价 /	149.00元（全5册）

责任编辑 / 马永祥
文案编辑 / 马永祥
责任校对 / 刘亚男
责任印制 / 施胜娟

图书出现印装质量问题，请拨打售后服务热线，本社负责调换